Stephen Hawking

¿Qué hay dentro de un agujero negro?

Breves respuestas, grandes preguntas

Prólogo de Manuel Lozano Leyva

Traducción de David Jou Mirabent

Planeta

Obra editada en colaboración con Editorial Planeta – España

Título original: *Brief Answers To The Big Questions. What Is Inside a Black Hole?*

Diseño de la portada: Booket / Área Editorial Grupo Planeta
Ilustración de la portada: Shutterstock

Bajo el sello editorial BOOKET PAIDÓS M.R.
Avenida Presidente Masaryk núm. 111,
Piso 2, Polanco V Sección, Miguel Hidalgo
C.P. 11560, Ciudad de México
www.planetadelibros.com.mx
www.paidos.com.mx

Primera edición impresa en España en Booket: febrero de 2026
ISBN: 978-84-08-31569-8

Primera edición impresa en México en Booket: mayo de 2026
ISBN: 978-607-639-212-6

Impreso en los talleres de Operadora Quitresa, S.A. de C.V.
Calle Goma No. 167, Colonia Granjas México,
C.P. 08400, Iztacalco, Ciudad de México
Impreso en México - *Printed in Mexico*

Biografía

Stephen Hawking (Oxford, 1942 – Cambridge, 2018) ocupó la cátedra Lucasiana de Matemáticas que en otro tiempo ostentó Newton en la Universidad de Cambridge. Reconocido universalmente como uno de los más grandes físicos teóricos del mundo, el profesor Hawking escribió, pese a sus enormes limitaciones físicas, docenas de artículos que suponen en conjunto una aportación a la ciencia que aún no somos capaces de evaluar adecuadamente. A sus primeras obras de divulgación, *Historia del tiempo. Del big bang a los agujeros negros* (Crítica, 1988) y *El universo en una cáscara de nuez* (Crítica, 2002), se le suman *Brevísima historia del tiempo* (Crítica, 2005) y *El gran diseño* (Crítica, 2010) —escritas con Leonard Mlodinow—, las antologías *A hombros de gigantes* (Crítica, 2003), la edición ilustrada de esta última obra (Crítica, 2004), *Dios creó los números* (Crítica, 2006), *La gran ilusión* (Crítica, 2008), *Los sueños de los que está hecha la materia* (Crítica, 2011), su autobiografía, *Breve historia de mi vida* (Crítica, 2014), las conferencias emitidas en la BBC, recopiladas en *Agujeros negros* (Crítica, 2017), y su última obra, *Breves respuestas a las grandes preguntas* (Crítica, 2018), publicada de forma póstuma.

Índice

PRÓLOGO

La cafetería del Nuclear Physics Laboratory de Oxford era mucho más amplia y confortable que la de sus vecinos, el modesto edificio del Theoretical Department y el convencional de Ingeniería. Por eso siempre se ponía a rebosar a la hora del té vespertino, al menos entre los años 1976 y 1979. La mesa redonda más jaranera tal vez fuese la de los doctorandos nucleares, que eran unos seis o siete. Los sitios restantes los ocupaban con gusto sus vecinos teóricos y técnicos, además de los profesores visitantes, que habían aumentado en número tras el acuerdo al que había llegado el centro con su universidad rival, Cambridge, para propiciar intercambios de corta duración.

Dos de los veinteañeros habituales en aquella mesa alcanzaron gran notoriedad: Rowi y Ash. Con el primero, estudiante de Ingeniería Eléctrica, nos partíamos de risa. Con el otro también, pero por motivos muy distintos. El británico Rowi era increíble y originalmente ingenioso, mientras que el estadounidense Ash había estudiado Historia Medieval y pretendía doctorarse en Física Teórica. Rowi se llama Rowan Atkinson y se hizo célebre como Mister Bean. Ash se llamaba —falleció en 2022— Ashton Carter y llegó a ser secretario de Defensa en la Administración Obama.

En esa mesa, los silencios más repentinos y entusiastas se producían cuando se aproximaba a ella Stephen Hawking. Lo hacía con dificultad y una sonrisa más risueña que las nuestras. No era mucho mayor que nosotros, y no sabíamos si nos sobrecogía más su competencia científica, los temas que investigaba o su discapacidad.

Él ya era profesor en Cambridge, pero nos visitaba más a menudo que los demás *tabs*, que era como llamábamos a los de la universidad rival, porque había nacido allí, en Oxford.

Encajar su silla de ruedas, ya eléctrica —aunque creo recordar que la primera vez que lo vi aún la empujaba él—, entre las otras diez formaba un barullo que despertaba simpatías en toda la cafetería. Le gustaba mucho preguntarnos por los temas de nuestras tesis doctorales, lo cual nos provocaba inquietud. A mí más que a nadie, por tres razones. Para empezar, porque me costaba entenderlo, al unirse mis limitaciones con el idioma con las suyas al pronunciarlo. En segundo lugar, porque temía, con razón, que considerara triviales mis cuitas científicas al compararlas con la complejidad de las suyas. Y la tercera, que al principio me resultó un alivio y luego un fastidio, era que lo que más le interesaba de mí —como también a Rowi y sobre todo a Ash— era la transición que se estaba desarrollando en España. Franquismo, democracia, ETA y demás. Pero las consecuencias de mis tés con Hawking me marcaron mucho más de lo que en aquella época podía imaginar.

Me especialicé en Física Fundamental en la Universidad de Zaragoza. Tras un paréntesis de tres años (hubo que esperar a que terminara la dictadura franquista) me pude reincorporar a la vida académica. Tuve la suerte de que me tocara mi *alma mater*, la Universidad de Sevilla, pero la beca del British Council que me concedieron para desarrollar la tesis doctoral traía consigo la condición de incorporarse al recientemente bien dotado Nuclear Physics Laboratory.

¿Qué diablos tenía que ver la física nuclear teórica con los agujeros negros y las maravillas cosmológicas que se intuían de lo que nos contaba nuestro ya entrañable Stephen Hawking en aquella cafetería? Absolutamente nada..., hasta que un día, sentado junto a él, dejó a un lado al dictador, al rey y demás asuntos de la intensa política española y me explicó la relación del micromundo subatómico con la inmensidad del universo que, en gran medida, condicionaron mi vida científica. A partir de aquella conversación incierta fui descubriendo poco a poco el uróboro, el símbolo sánscrito de la serpiente que se muerde la cola: lo más pequeño —el mundo subatómico de los núcleos y las partículas— y lo más grande —el cosmos y sus agujeros negros— no están separados, sino que son dos aspectos del mismo sistema físico.

Las dos grandes ramas de investigación de la física nuclear teórica son los mecanismos de las reacciones nucleares y la estructura del núcleo. A mí me tocó la primera. El salto de este terreno al de la astrofísica es casi inevitable si uno tiene grabadas en el subconsciente muchas ideas de Hawking.

Una estrella es un sistema nuclear en el que el equilibrio se alcanza entre la energía generada por las reacciones de fusión nuclear desencadenadas en sus entrañas, la radiación que emite y la gravedad de su portentosa masa. Es casi tan homeostático como nuestro cuerpo, que aunque estemos bañándonos en aguas frescas, tostándonos al sol o disfrutando en el chiringuito playero, se mantiene a la misma temperatura. Los mecanismos internos de muchos sistemas complejos se compensan para encontrar el equilibrio. Por muy turbulenta que sea la vida de la estrella, este equilibrio se mantiene durante miles de millones de años. Si a causa de los cataclismos que suceden, sobre todo en su superficie, la estrella se expande, entonces se enfría, lo que conlleva un apaciguamiento de las reacciones nucleares. La gravedad reacciona contrayéndola, y la estrella, al aumentar su temperatura, alcanza de nuevo el equilibrio. Así vive el astro hasta que el «combustible» nuclear —fundamentalmente hidrógeno— es insuficiente para mantenerla en todo su esplendor. Las reacciones nucleares se apagan y el triunfo de la gravedad hace que la estrella se derrumbe hacia su centro. Antes de extinguirse, bien puede ocurrir que, en un estertor de muerte, el nuevo aumento de temperatura «encienda» otra vez las reacciones nucleares de elementos algo más pesados que el hidrógeno, como el helio. Así se alcanza un nuevo equilibrio y comienza el enriquecimiento de núcleos cada vez más pesados, pasando por los dos más gloriosos: el carbono y el oxígeno. La estrella ha pasado de brillar como casi todas las que vemos en una plácida noche de verano a la fase de gigante roja, o incluso de supergigante, como Betelgeuse, que marca el hombro del guerrero Orión como constelación. Por el contrario, quizá su destino haya sido acabar como una enana blanca, que será el tranquilo porvenir de nuestro querido Sol, o incluso como estrellas de neutrones que giran enloquecidamente emitiendo rayos luminosos a modo de faros costeros.

Pero todo tiene un límite —cuanto más complejos

son los nuevos núcleos atómicos generados, más temperatura necesitan para fundirse— y la estrella, tras tremendos y breves estertores agónicos, acaba colapsando violenta y espectacularmente, explotando en forma de supernova. Este acontecimiento es uno de los más resplandecientes porque puede iluminar una galaxia al completo.

¿Qué queda después de una muerte estelar? Dos tipos de restos: una descomunal y oscura nube errante enriquecida de núcleos de elementos químicos que se van haciendo cada vez más pesados y complejos, y un cadáver estelar apagado de una densidad enorme. La nube errática puede colapsar de modo que la gravedad triunfe de nuevo y la contraiga hasta que la temperatura sea suficiente para volver a activar las reacciones nucleares. En tal caso, habría nacido una nueva estrella.

No todas las estrellas siguen este ciclo, solo las más pesadas. Las de masas modestas viven de manera más discreta, y sus cadáveres, muy compactos —por ejemplo, de masa estelar, pero porte de planeta—, quedan vagando por el vacío interestelar hasta el fin de los tiempos. Sin embargo, los restos de las más pesadas pueden llegar a contraerse hasta alcanzar una densidad tal que la pertinaz fuerza de la gravedad exija una velocidad de escape superior a la de la luz. Un vehículo espacial tiene que alcanzar algo más de 11 kilómetros por segundo para liberarse de la atracción de nuestro planeta. Poco más de 600 km/s exige dejar de sentir la atracción solar. Escapar del resto de una estrella masiva tras su estertor final puede requerir una velocidad superior a la de la luz, que es de 300.000 km/s. Así es como se genera un agujero negro.

Considérese que en los párrafos anteriores hemos discurrido continuamente desde los minúsculos núcleos atómicos hasta las grandiosidades estelares. La cola y la boca del uróboros se acercan. Entramos así en el intrigante campo de Hawking.

La cascada de preguntas que surge del final de la historia estelar es abrumadora. Que un objeto como el resto de una estrella masiva exija una velocidad superior a la de la luz para liberarse de su atracción gravitatoria no es difícil de imaginar. Ocurriría si, por ejemplo, la Tierra se encogiera hasta quedar reducida al tamaño de una manzana. Pero ¿qué sucede en el interior de un agujero negro? Y otra cuestión aún más intrigante: ¿cómo altera no solo el espacio de su entorno, sino el discurrir del tiempo? Stephen Hawking se adentró en muchos de los misterios inextricables que provocan los agujeros negros, y el lector, sin duda, está ya maravillado por las repuestas que dio a las preguntas que inevitablemente se ha hecho antes de llegar hasta aquí, pero las dos cuestiones anteriores quizá sean las más enigmáticas.

Hemos de describir el universo con un conjunto de solo cuatro conceptos, hermanados de dos en dos. La energía y la materia, por un lado, y el espacio y el tiempo —la sede donde se desenvuelven los anteriores—, por otro.

La física ha recorrido el cuerpo del uróboros de una manera fascinante, por la predictibilidad y la precisión con las que ha descrito los fenómenos naturales; ha desvelado en gran medida los secretos que guardaban las galaxias en su conjunto, los sistemas solares y los movimientos provocados por ellos; ha descrito las propiedades más íntimas de cuerpos de todos los tamaños, como cristales, moléculas, átomos con sus núcleos y las partículas que pueden surgir de ellos. Sin embargo, estamos ante una dificultad que se mantiene pertinazmente insoluble.

El micromundo —la cola de la serpiente— lo describe a la perfección una rama de la física que, aunque nos mantenga confundidos en su interpretación más esencial, manejamos con tal precisión que un enorme porcentaje de la tecnología actual tiene su base en ella. Es la mecánica cuántica.

El universo global —la cabeza del uróboros, con la boca abierta— lo describe la relatividad general de Einstein igual de bien. En estos capítulos, Hawking también nos hablará de esa concepción einsteiniana de la gravedad.

El problema esencial surge cuando nos enfrentamos a un enigma cuya solución exige que entren en juego ambas teorías a la vez. Aunque conceptualmente esta unificación aún se nos antoje lejana por ser profundamente compleja, desde el punto de vista técnico hemos avanzado mucho. El mejor ejemplo son los sistemas de posicionamiento GPS y Galileo. Tener en cuenta la ligera deformación del espacio-tiempo que genera nuestro modesto Sol hace que la precisión de decenas de satélites, coordinados a gran distancia de la Tierra, alcance el metro en la ubicación sobre la superficie del planeta. Ahí tenemos un uso espléndido de la teoría general de la relatividad. Lo inmensamente grande. Por otra parte, gran parte de la electrónica y de los materiales de dichos satélites ha exigido el uso de la precisión inaudita de la mecánica cuántica. Lo infinitesimalmente pequeño. Sí, está claro que se trata del uso de las dos teorías, no de la fusión de ambas, pero en el camino estamos.

«El espacio-tiempo le dice a la materia cómo moverse; la materia le dice al espacio-tiempo cómo curvarse.» Esta famosa sentencia de John Archibald Wheeler —otro ilustre visitante de Oxford que al menos un par de veces se sentó en la mesa bullanguera— refleja ingeniosamente cómo juegan los cuatro conceptos aludidos. Desde la fórmula estelar del siglo xx, $E = mc^2$, hablar de masa o de energía es hablar indistintamente de las dos a la vez. El problema es que un agujero negro lo altera todo, es decir, su descripción exige la intervención de la mecánica cuántica e incluso de otras ramas de la física tan alejadas de todo lo anterior como la termodinámica o la mecánica estadística. Y entonces, o bien dejamos a los guionistas cinematográficos, los dibujantes de cómics y los autores de novelas de ciencia ficción que nos iluminen, o bien atendemos a las explicaciones —igual de imaginativas, pero sustentadas sólidamente por la ciencia— propuestas por Stephen Hawking.

Entender que el espacio se deforma hasta llegar a una posible singularidad ya lo hemos entendido. Puede que también hayamos comprendido que el tiempo se ralentiza en su interior hasta detenerse; así como que los agujeros negros tienen un horizonte de sucesos descrito por varias constantes básicas de la naturaleza tan inalterables que definen nuestro universo, aunque nuestro insigne Hawking y sus colaboradores hayan tenido que incorporar la enigmática mecánica cuántica en sus desvelos. También sabemos que un agujero negro engulle la materia de su entorno. Si esta es macroscópica —digamos, la de un astronauta—, la diferencia de intensidad de la fuerza de la gravedad entre la cabeza y los pies lo estiraría en el proceso de «espaguetización», que después veremos. Pero ¿qué pasa con los átomos, sus núcleos y las partículas que se pueden generar en el interior del agujero? ¿El encuentro de dos agujeros negros permite recomponer de alguna manera la materia y el espacio-tiempo? ¿Y la información definida en sus términos más generales? Misterios y más misterios para los que Hawking, en los dos próximos capítulos, nos seguirá dando respuestas fascinantes.

El más profundo de esos enigmas posiblemente sea qué le pasa realmente al tiempo ante una deformación extrema de su compañero el espacio. ¿Podremos viajar hacia el futuro en un entorno espaciotemporal superdeformado? Mucho más inquietante, porque parece que la respuesta sobre su imposibilidad la tenemos clara, es la siguiente pregunta: ¿podremos trasladarnos hacia el pasado?

Quizá las respuestas vengan cuando logremos fusionar coherentemente la gravedad con las otras tres fuerzas de la naturaleza: la nuclear débil, la fuerte y la electromagnética. Se nos abrirán nuevas dimensiones. Hasta once se han conjeturado hasta ahora que serían necesarias para avanzar en esa unificación. Podremos incluso describir un multiverso, y tal vez interconectarnos con universos paralelos al nuestro a través de los agujeros de gusano perforados por el maridaje de dos agujeros negros.

Dos largos y bellos poemas, desapercibidamente en muchos sentidos, han sido hitos en la evolución de la humanidad, uno renacentista y el otro de la Roma imperial, arrinconado durante siglos. Dante Alighieri, en su *Divina comedia*, nos dio una terrible visión del más allá a modo de universo inexorable al que la mayoría de nosotros estamos destinados. El poeta Tito Lucrecio Caro, de vida y destino aciagos, había mostrado en su *De la naturaleza de las cosas*, unos 1.300 años antes que Dante, una vida dichosa basada en los átomos destinada a un más allá en el que vagaremos por el cosmos en un universo inmenso y acogedor.

¿Cuál de los dos grandes poetas llevaba razón? Nadie lo sabe, pero por ahora disfrutemos con la visión que nuestro profundo y cariñoso Stephen Hawking nos ofrece sobre las desmesuras espaciotemporales, no menos universales que las dantescas y lucrecianas, generadas por los agujeros negros.

Manuel Lozano Leyva
Catedrático emérito de Física Atómica y Nuclear

¿QUÉ HAY DENTRO DE UN AGUJERO NEGRO?

Se dice que la realidad es a veces más extraña que la ficción, y en ninguna parte es eso más cierto que en el caso de los agujeros negros. Los agujeros negros son más extraños que cualquier cosa inventada por los escritores de ciencia ficción, pero son cuestiones científicas rotundamente reales.

La primera discusión sobre los agujeros negros fue debida a un profesor de Cambridge, John Michell, en 1783. Su argumento era el siguiente. Si se dispara una partícula, como por ejemplo una bala de cañón, verticalmente hacia arriba, irá siendo frenada por la gravedad. Al final, la partícula dejará de subir y empezará a retroceder. Sin embargo, si la velocidad inicial ascendente fuera mayor que un cierto valor crítico, llamado velocidad de escape, la gravedad no sería lo suficientemente fuerte como para detener la partícula y esta se escaparía. La velocidad de escape es ligeramente superior a once kilómetros por segundo para la Tierra, y alrededor de seiscientos diecisiete kilómetros por segundo para el Sol. Son velocidades mucho más elevadas que las de las balas de cañón reales pero resultan pequeñas en comparación con la velocidad de la luz, que es de 300.000 kilómetros por segundo. Así, la luz puede alejarse de la Tierra o del Sol sin mucha dificultad. Sin embargo, Michell adujo que podría haber estrellas mucho más masivas que el Sol y que tuvieran velocidades de escape mayores que la velocidad de la luz. No podríamos verlas porque cualquier luz que enviaran sería arrastrada hacia atrás por la gravedad. Por lo tanto, serían lo que Michell llamó estrellas oscuras y ahora llamamos agujeros negros.

Para entenderlos, necesitamos comenzar con la gravedad. La gravedad es descrita por la teoría general de la relatividad de Einstein, que es una teoría del espacio y del tiempo, así como de la gravedad. El comportamiento del espacio y del tiempo es gobernado por un sistema de ecuaciones denominadas ecuaciones de Einstein, que Einstein propuso en 1915. Aunque es, con mucho, la más débil de las fuerzas conocidas de la naturaleza, tiene dos ventajas cruciales sobre las otras fuerzas. Primero, tiene largo alcance. La Tierra se mantiene en órbita alrededor del Sol, a ciento cincuenta millones de kilómetros de distancia, y el Sol se mantiene en órbita alrededor del centro de la galaxia, a unos diez mil años luz de distancia. La segunda ventaja es que la gravedad siempre es atractiva, a diferencia de las fuerzas eléctricas, que pueden ser atractivas o repulsivas. Esas dos características significan que, para una estrella suficientemente grande, la atracción gravitatoria entre las partículas que la constituyen puede dominar sobre todas las otras fuerzas y conducir a un colapso gravitatorio. A pesar de eso, la comunidad científica tardó en darse cuenta de que estrellas masivas podrían colapsarse sobre sí mismas bajo su propia gravedad, y en descubrir cómo se comportaría el objeto resultante. Albert Einstein incluso escribió un artículo en 1939 afirmando que las estrellas no podían colapsarse bajo la gravedad, porque la materia no podía ser comprimida más allá de cierto punto. Muchos científicos compartieron la intuición de Einstein. La principal excepción fue el científico estadounidense John Wheeler, que en muchos sentidos es el héroe de la historia de los agujeros negros. En sus trabajos durante las décadas de 1950 y 1960 enfatizó que muchas estrellas acaban por colapsarse, y exploró los problemas que esto plantea para la física teórica. También previó muchas de las propiedades de los objetos en que se convierten las estrellas al colapsarse, es decir, agujeros negros.

Durante la mayor parte de la vida de una estrella

normal, durante miles de millones de años, se mantendrá contra su propia gravedad por la presión térmica causada por procesos nucleares que convierten hidrógeno en helio. Al final, sin embargo, la estrella acabará por agotar su combustible nuclear y se contraerá. En algunos casos, puede mantenerse como una estrella enana blanca. Sin embargo, Subrahmanyan Chandrasekhar demostró en 1930 que la masa máxima de las enanas blancas es aproximadamente 1,4 veces la masa del Sol. Una masa máxima similar fue calculada por el físico ruso Lev Landau para las estrellas formadas solo por neutrones.

¿Cuál sería el destino de las innumerables estrellas con una masa mayor que la masa máxima de una enana blanca o de una estrella de neutrones una vez hayan agotado su combustible nuclear? El problema fue investigado por Robert Oppenheimer, famoso posteriormente a causa de la bomba atómica. En un par de artículos de 1939, con George Volkoff y Hartland Snyder, demostró que una estrella así no podía ser sostenida por la presión. Y que si se sobrepasaba la presión, una estrella uniforme y esféricamente simétrica se contraería sistemáticamente a un punto de densidad infinita. Tal punto se llama singularidad. Todas nuestras teorías del espacio están formuladas bajo el supuesto de que el espacio-tiempo es liso y casi plano, por lo que dejan de ser válidas en la singularidad, donde la curvatura del espacio-tiempo es infinita. De hecho, la singularidad marca el final del espacio y del tiempo. Eso es lo que Einstein encontró tan cuestionable.

Entonces empezó la segunda guerra mundial. La mayoría de los científicos, incluido Robert Oppenheimer, cambiaron su atención a la física nuclear y el problema del colapso gravitatorio fue en gran parte olvidado. El interés en el tema revivió con el descubrimiento de objetos distantes llamados cuásares. El primer cuásar, 3C273, fue descubierto en 1963. Pronto se descubrieron muchos otros. Los cuásares son brillantes a pesar de estar a grandes distancias. Los procesos nucleares no pueden explicar su producción de energía, porque liberan solo una pequeña fracción de su masa en reposo como energía pura. La única alternativa era la energía gravitacional liberada en el colapso gravitacional.

El colapso gravitacional de las estrellas fue redescubierto. Estaba claro que una estrella esférica uniforme se contraería a un punto de densidad infinita, una singularidad. Pero ¿qué pasaría si la estrella no fuera uniforme y esférica? ¿Podría ocurrir que diferentes partes de la estrella pasaran de largo las unas de las otras y se evitara la singularidad? En un artículo notable, en 1965, Roger Penrose demostró, utilizando solo el hecho de que la gravedad es atractiva, que se seguiría produciendo una singularidad.

Las ecuaciones de Einstein no se pueden definir en una singularidad. Esto significa que en este punto de densidad infinita no podemos predecir el futuro. Eso implica que algo extraño podría suceder cada vez que una estrella se colapsa. No nos veríamos afectados por la ruptura de la predicción si las singularidades no están desnudas, es decir, no están protegidas del exterior. Penrose propuso la conjetura de censura cósmica, según la cual todas las singularidades formadas por el colapso de estrellas o de otros cuerpos están ocultas a la vista, dentro de agujeros negros. Un agujero negro es una región donde la gravedad es tan fuerte que la luz no puede escapar. La conjetura de censura cósmica es casi seguramente cierta, porque varios intentos de refutarla han fallado.

Cuando John Wheeler introdujo el término «agujero negro» en 1967, reemplazó el nombre anterior de «estrella congelada». La denominación de Wheeler enfatizó que los remanentes de estrellas colapsadas tienen interés por derecho propio, independientemente de cómo se formaron. El nuevo nombre fue aceptado rápidamente.

Desde fuera, no podemos decir qué hay dentro de un agujero negro. Sea lo que sea que les arrojemos, los agujeros negros que se forman tienen el mismo aspecto. John Wheeler expresó este hecho con la frase «Los agujeros negros no tienen pelo».

Un agujero negro tiene una frontera llamada horizonte de sucesos. Es donde la gravedad se hace lo suficientemente intensa para arrastrar la luz hacia atrás y evitar que se escape. Como nada puede viajar más rápido que la luz, todo lo demás también será arrastrado hacia atrás. Caer a través del horizonte de sucesos se parece a pasar las cataratas del Niágara en una canoa. Si estamos por encima de las cataratas, podemos escapar si remamos lo suficientemente rápido, pero una vez estamos sobre el borde estamos perdidos. No hay vuelta atrás. Cuando nos acercamos a las cataratas la corriente se hace más rápida. Esto significa que el agua tira más fuerte de la proa que de la popa, por lo cual hay peligro de que la canoa se parta. Lo mismo ocurre con los agujeros negros. Si caemos hacia un agujero negro, la gravedad tirará más fuerte de los pies que de la cabeza, porque están más cerca del agujero negro. El resultado es que seremos estirados longitudinalmente y aplastados por los lados. Si el agujero negro tiene una masa de unas pocas veces la de nuestro Sol, seríamos desgarrados y convertidos en espagueti antes de llegar al horizonte. Sin embargo, si caemos en un agujero negro mucho más grande, con una masa de más de un millón de veces la masa del Sol, alcanzaríamos el horizonte sin dificultad. Así pues, si desea explorar el interior de un agujero negro, asegúrese de elegir uno grande. En el centro de nuestra galaxia, la

Vía Láctea, hay un agujero negro con una masa de aproximadamente cuatro millones de veces la del Sol.

Aunque al caer en un agujero negro no notaría nada en particular, alguien que le observara desde lejos nunca le vería cruzar el horizonte de sucesos, sino que le parecería que fuera frenando y se quedara flotando justo fuera. Su imagen se volvería más y más tenue y más y más roja, hasta que finalmente se perdiera de vista. En lo que concierne al mundo exterior, se habría perdido para siempre.

Poco después del nacimiento de mi hija Lucy, mientras me metía en la cama, descubrí el teorema del área. Si la relatividad general es correcta y si la densidad de energía de la materia es positiva, como suele ser el caso, el área de la superficie del horizonte de sucesos, el límite de un agujero negro, tiene la propiedad de que cuando materia o radiación adicionales caen en el agujero el área siempre aumenta. Además, si dos agujeros negros chocan y se fusionan en un único agujero negro, el área del horizonte de sucesos del agujero negro resultante es mayor que la suma de las áreas de los horizontes de sucesos de los agujeros negros originales. El teorema del área puede ser probado experimentalmente por la instalación LIGO (Laser Interferometer Gravitational-Wave Observatory). El 14 de septiembre de 2015, LIGO detectó ondas gravitacionales de la colisión y fusión de un agujero negro binario. A partir de la forma de la onda, se puede estimar las masas y los momentos angulares de los agujeros negros, y por el teorema sin pelo estos determinan las áreas de los horizontes.

Estas propiedades sugieren que hay un parecido entre el área del horizonte de sucesos de un agujero negro y el concepto de entropía de la termodinámica de la física clásica convencional. La entropía se puede considerar como una medida del desorden de un sistema o, de manera equivalente, como una falta de conocimiento de su estado preciso. La famosa segunda ley de la termodinámica establece que la entropía siempre aumenta con el tiempo. Este descubrimiento fue el primer indicio de esa conexión crucial.

La analogía entre las propiedades de los agujeros negros y las leyes de la termodinámica puede ser ampliada. La primera ley de la termodinámica dice que un pequeño cambio en la entropía de un sistema va acompañado de un cambio proporcional en la energía del sistema. Brandon Carter, Jim Bardeen y yo encontramos una ley similar que relaciona el cambio en la masa de un agujero negro con el cambio en el área del horizonte de sucesos. El factor de proporcionalidad hace intervenir una magnitud llamada gravedad superficial, que es una medida de la intensidad del campo gravitatorio en el horizonte de sucesos. Si se acepta que el área del horizonte de sucesos es análoga a la entropía, la gravedad superficial es análoga a la temperatura. La semejanza se ve reforzada por el hecho de que la gravedad superficial resulta ser la misma en todos los puntos del horizonte de sucesos, al igual que la temperatura es la misma en todas las partes de un cuerpo en equilibrio térmico.

Aunque existe claramente una similitud entre la entropía y el área del horizonte de sucesos, no resultaba obvio cómo el área podría ser identificada como la entropía de un agujero negro. ¿Qué se entiende por la entropía de un agujero negro? La sugerencia crucial fue hecha en 1972 por Jacob Bekenstein, que era un estudiante graduado en la Universidad de Princeton y consiste en lo siguiente. Cuando se crea un agujero negro por colapso gravitacional, llega rápidamente a un estado estacionario caracterizado por tres parámetros: la masa, el momento angular y la carga eléctrica.

Esto hace que parezca que el estado final del agujero negro es independiente de si el cuerpo que ha colapsado estaba compuesto de materia o de antimateria, o de si era esférico o de forma muy irregular. En otras palabras, un agujero negro de masa, momento angular y carga eléctrica dadas podría haberse formado por el colapso de una configuración de materia cualquiera entre una gran cantidad de diferentes configuraciones. Así, lo que parece ser el mismo agujero negro podría haberse formado por el colapso de una gran cantidad de diferentes tipos de estrellas. De hecho, si se ignoran los efectos cuánticos, el número de configuraciones sería infinito ya que el agujero negro podría haber sido formado por el colapso de una nube de un número indefinidamente grande de partículas de masa indefinidamente pequeña. Pero ¿podría el número de configuraciones ser realmente infinito?

Es bien conocido que la mecánica cuántica implica el Principio de Incertidumbre, que establece que es imposible medir simultáneamente la posición y la velocidad precisas de un objeto. Si se mide exactamente dónde está algo, su velocidad queda indeterminada. Si se mide su velocidad, queda indeterminada su posición. En la práctica, ello significa que es imposible localizar cualquier cosa. Supongamos que quisiéramos medir el tamaño de algo; para ello debemos saber dónde están los extremos de dicho objeto en movimiento. Nunca podemos hacerlo con total precisión, porque hacerlo supondría medir tanto las posiciones y las velocidades de algo simultáneamente. Se sigue que es imposible determinar el tamaño de un objeto. Todo lo que podemos hacer es decir que el Principio de Incertidumbre impide obtener con precisión cuál es realmente el tamaño de alguna cosa. Por ello, el Principio de Incertidumbre impone un límite al tamaño de las cosas. Tras un poco de cálculo se halla que para un objeto de masa dada hay un tamaño mínimo. Este tamaño mínimo es pequeño para objetos grandes, pero a medida que se van considerando objetos más ligeros, el tamaño mínimo se hace mayor. Se puede interpretar dicho tamaño mínimo como una consecuencia del hecho de que en la mecánica cuántica los objetos pueden ser considerados como onda o como partícula. Cuanto más ligero es un objeto, mayor es su longitud de onda y más esparcido está. Cuanto más pesado es el objeto, menor es su longitud de onda y parece más compacto. Cuando esas ideas se combinan con las de la relatividad general, se sigue que tan solo los objetos mayores que una cierta masa pueden formar agujeros negros. Dicha masa es aproximadamente la de un grano de sal. Otra consecuencia de dichas ideas es que el número de configuraciones que podrían formar un agujero negro de masa, momento angular y carga eléctrica dados, aunque es muy grande, puede ser finito. Jacob Bekenstein sugirió que a partir de este número finito se podría interpretar la entropía de un agujero negro, que constituiría una medida de la cantidad de información que parece irremediablemente perdida en el colapso que dio lugar al agujero.

El fallo aparentemente fatal en la sugerencia de Bekenstein era que si un agujero negro tiene una entropía finita proporcional al área de su horizonte de sucesos, también debe tener una temperatura diferente de cero, proporcional a su gravedad superficial. Eso implicaría que un agujero negro podría estar en equilibrio con la radiación térmica a una temperatura diferente de cero. Sin embargo, de acuerdo con los conceptos clásicos, tal equilibrio no es posible ya que el agujero negro absorbería cualquier radiación térmica que cayera en él, pero por definición no sería capaz de emitir nada, ni tan solo calor.

Esto suscitó una paradoja sobre la naturaleza de los agujeros negros, los objetos increíblemente densos creados por el colapso de las estrellas. Una teoría sugería que agujeros negros con cualidades idénticas podrían formarse a partir de un número infinito de diferentes tipos de estrellas. Otra sugería que el número podría ser finito. Este es un problema de información: la idea de que cada partícula y cada fuerza en el universo contienen información.

Como los agujeros negros no tienen pelo, como dijo John Wheeler, desde el exterior no se puede decir lo que hay dentro de un agujero negro, aparte de su masa, carga eléctrica y momento angular. Esto significa que un agujero negro debe contener una gran cantidad de información oculta al mundo exterior. Pero existe un límite en la cantidad de información que se puede empaquetar en una región del espacio. La información requiere energía, y la energía tiene masa según la famosa ecuación de Einstein: $E = mc^2$. Entonces, si en una región del espacio hay demasiada información colapsará en un agujero negro, cuyo tamaño reflejará la cantidad de información. Es como apilar más y más libros en una librería. Al final, las estanterías cederán y la librería se colapsará en una especie de agujero negro.

Si la cantidad de información oculta dentro de un agujero negro depende del tamaño del agujero, uno esperaría de los principios generales que el agujero negro tendría una temperatura y brillaría como un metal caliente. Pero eso resultaba imposible, porque, como todos sabían, nada podría salir de un agujero negro. O eso se creía.

Este problema perduró hasta principios de 1974, cuando yo estaba investigando si el comportamiento de la materia en las proximidades de un agujero negro estaría de acuerdo con la mecánica cuántica. Para mi gran sorpresa, encontré que el agujero negro parecía emitir partículas a un ritmo constante. Como todos los otros investigadores en aquella época, me había hecho a la idea de que un agujero negro no puede emitir nada. Por lo tanto, puse un gran empeño en deshacerme de ese efecto embarazoso. Pero cuanto más pensaba en ello, más se negaba a desaparecer, por lo que al final tuve que aceptarlo. Lo que finalmente me convenció de que era un proceso físico real era que las partículas salientes tienen un espectro que es precisamente térmico. Mis cálculos predijeron que un agujero negro crea y emite partículas y radiación como si fuera un cuerpo caliente ordinario, con una temperatura proporcional a su gravedad superficial e inversamente proporcional a su masa. Eso hizo que la sugerencia problemática de Jacob Bekenstein, que un agujero negro tenía una entropía finita, resultara totalmente consistente, ya que implicaba que un agujero negro podría estar en condiciones térmicas de equilibrio a una temperatura finita diferente de cero.

Desde ese momento, la evidencia matemática de que los agujeros negros emiten radiación térmica ha sido confirmada por otros investigadores desde diferentes enfoques. Una manera de entender la emisión es la siguiente. La mecánica cuántica implica que todo el espacio está lleno de pares de partículas y antipartículas virtuales que se materializan constantemente en parejas, se separan y luego se unen de nuevo y se aniquilan mutuamente. Tales partículas se llaman virtuales porque, a diferencia de las partículas reales, no se pueden observar directamente con un detector de partículas. Sin embargo, sus efectos indirectos pueden ser medidos y su existencia ha sido confirmada por un pequeño desplazamiento, llamado efecto Lamb, que producen en la energía del espectro de la luz de átomos de hidrógeno excitados. Ahora bien, en presencia de un agujero negro, un miembro de un par de partículas virtuales puede caer en el agujero, dejando al otro miembro sin pareja con quien aniquilarse. La

Caer en un agujero negro ¿es una mala noticia para un viajero espacial?

Ciertamente es una mala noticia. Si se tratara de un agujero negro de masa estelar, el viajero se convertiría en un espagueti antes de llegar al horizonte. En cambio, si fuera un agujero negro supermasivo podría cruzar tranquilamente el horizonte, pero quedaría comprimido del todo en la singularidad.

partícula o antipartícula superviviente puede caer en el agujero negro después de su compañero, pero también puede escapar al infinito, donde parecerá que haya sido emitida por el agujero.

Otra forma de interpretar el proceso es considerar el miembro del par de partículas que cae en el agujero negro, digamos la antipartícula, como una partícula que está viajando hacia atrás en el tiempo. Por lo tanto, la antipartícula que cae en el agujero negro puede considerarse una partícula que sale del agujero negro, pero viaja hacia atrás en el tiempo. Cuando la partícula alcanza el punto en el que el par de partícula y antipartícula se materializó originalmente, es dispersada por el campo gravitatorio y pasa a desplazarse hacia adelante en el tiempo. Un agujero negro de la masa del Sol iría perdiendo partículas a un ritmo tan lento que sería imposible de detectar. Sin embargo, podría haber agujeros negros mucho más pequeños, con la masa de, digamos, una montaña. Estos podrían haberse formado en el universo muy temprano, si hubiera sido suficientemente caótico e irregular. Un agujero negro del tamaño de una montaña emitiría rayos X y rayos gamma, con un ritmo de alrededor de diez millones de megavatios, suficiente para alimentar el suministro de electricidad del mundo. No obstante, no sería fácil aprovechar un miniagujero negro. No podría mantenerse en una central de energía porque atravesaría el suelo y terminaría en el centro de la Tierra. Si tuviéramos un agujero negro, la única forma de mantenerlo sería ponerlo en órbita alrededor de la Tierra.

Se han estado buscando miniagujeros negros de esa masa, pero hasta ahora no se ha encontrado ninguno. Es una lástima, porque si hubiera sido así me habrían dado un premio Nobel. Otra posibilidad es que fuéramos capaces de crear microagujeros negros en las dimensiones extra del espacio-tiempo. Según algunas teorías, el universo que experimentamos es solo una superficie de cuatro dimensiones en un espacio de diez u once dimensiones. La película *Interestelar* da una idea de esto que me gusta. No veríamos estas dimensiones adicionales, porque la luz no se propagaría a través de ellas sino solo a través de las cuatro dimensiones de nuestro universo. Sin embargo, la gravedad afectaría las dimensiones adicionales y sería en ellas mucho más intensa que en nuestro universo. Esto haría mucho más fácil formar un pequeño agujero negro en las dimensiones adicionales. Quizás se podría observar en el LHC, el Gran Colisionador de Hadrones, en el CERN, en Suiza, que consiste en un túnel circular, de 27 kilómetros de largo. Dos haces de partículas viajan alrededor de dicho túnel en direcciones opuestas y se los hace chocar entre sí. Algunas de las colisiones pueden crear microagujeros negros. Estos irradian partículas según un patrón que sería fácil reconocer.

Entonces, podría obtener un premio Nobel, después de todo.*

A medida que las partículas escapen de un agujero negro, el agujero perderá masa y se encogerá, lo cual aumentará la tasa de emisión de partículas. Al final, el agujero negro perderá toda su masa y desaparecerá. ¿Qué sucede con todas las partículas y los desafortunados astronautas que cayeron en el agujero? No pueden resurgir del agujero cuando está a punto de desaparecer. Las partículas que salen de un agujero negro parecen hacerlo completamente al azar, sin tener relación con lo que cayó. Parece que la información sobre lo que cayó se pierde, salvo la masa total y la cantidad de rotación. Pero si se pierde información, esto plantea un problema serio que afecta al corazón de nuestra comprensión de la ciencia. Hace más de doscientos años que creemos en el determinismo científico, es decir, que las leyes de la ciencia determinan la evolución del universo.

Si la información realmente se perdiera en los agujeros negros, no podríamos predecir el futuro, porque un agujero negro podría emitir cualquier colección de partículas. Podría emitir un televisor en funcionamiento o un volumen encuadernado en cuero de las obras com-

* Los premios Nobel no pueden ser otorgados a título póstumo, de manera que, tristemente, esa ambición nunca podrá ser realizada.

pletas de Shakespeare, aunque la posibilidad de emisiones tan exóticas es muy baja. Es mucho más probable que emita radiación térmica, como el resplandor de un metal al rojo vivo. Podría parecer que no importaría mucho que no pudiéramos predecir lo que sale de los agujeros negros, ya que no hay ningún agujero negro cerca de nosotros. Pero es una cuestión de principios. Si el determinismo, la predictibilidad del universo, falla en los agujeros negros, podría fallar en otras situaciones. Podría haber agujeros negros virtuales que aparecieran como fluctuaciones del vacío, absorbieran un conjunto de partículas, emitieran otro y desaparecieran de nuevo en el vacío. Peor aún, si el determinismo falla tampoco podemos estar seguros de nuestra historia pasada. Los libros de historia y nuestros recuerdos podrían ser tan solo ilusiones. El pasado nos dice quién somos; sin él, perdemos nuestra identidad.

Por lo tanto, es muy importante determinar si realmente se pierde información en los agujeros negros o si, en principio, podría ser recuperada. Muchos científicos opinaban que esa información no se debía perder, pero durante años nadie sugirió un mecanismo por el cual pudiera ser preservada. Esta aparente pérdida de información, conocida como la «paradoja de la información», ha ocupado a los científicos durante los últimos cuarenta años, y sigue siendo uno de los mayores problemas sin resolver en física teórica.

En los últimos años, ha habido un renovado interés en este tema ya que se han realizado nuevos descubrimientos sobre la física de la gravedad cuántica en el régimen infrarrojo o de baja energía. Central en estos avances recientes es la comprensión de las simetrías subyacentes al espacio-tiempo.

Supongamos que no hubiera gravedad y que el espacio-tiempo fuera completamente plano. Sería como un desierto enteramente monótono. Tal lugar tendría dos tipos de simetría. La primera se denomina simetría de traslación. Si nos desplazáramos de un punto del desierto a otro punto, no observaríamos cambio alguno. La segunda simetría es la simetría de rotación. Si miráramos en direcciones diferentes, tampoco observaríamos ninguna diferencia. Esas simetrías también se hallan en el espacio-tiempo «plano», el espacio-tiempo que se halla en ausencia de materia.

Si pusiéramos algo en dicho desierto, las simetrías mencionadas se romperían. Supongamos que en el desierto hubiera una montaña, un oasis o algunos cactos; entonces parecería diferente en diferentes puntos y en diferentes direcciones. Lo mismo ocurre con el espacio-tiempo. Si se ponen objetos en el espacio-tiempo, las simetrías de traslación y de rotación se rompen. E introducir objetos en un espacio-tiempo es lo que produce gravedad.

Un agujero negro es una región del espacio-tiempo

donde la gravedad es muy fuerte, el espacio-tiempo está violentamente distorsionado y por lo tanto se espera que las simetrías estén rotas. Sin embargo, a medida que nos alejamos del agujero negro, la curvatura del espacio-tiempo va disminuyendo. Muy lejos del agujero negro, el espacio-tiempo se parece mucho al espacio-tiempo plano.

En la década de 1960, un descubrimiento notable realizado por Hermann Bondi, A. W. Kenneth Metzner, M. G. J. van der Burg y Rainer Sachs reveló que en realidad hay una colección infinita de simetrías adicionales, llamadas «supertraslaciones». Cada una de esas simetrías está asociada con una magnitud conservada, llamada carga de supertraslación. Una magnitud conservada es una magnitud que no cambia a lo largo de la evolución del sistema. Se trata de generalizaciones de algunas magnitudes conservadas más familiares. Por ejemplo, si el espacio-tiempo no cambia con el tiempo, se conserva la energía. Si el espacio-tiempo tiene el mismo aspecto en todos los puntos del espacio, se conserva el momento.

Lo más notable del descubrimiento de las supertraslaciones fue que lejos de un agujero negro hay un número infinito de magnitudes conservadas. Esas leyes de conservación han proporcionado una visión extraordinaria e inesperada de los procesos en teorías gravitacionales.

En 2016, junto con mis colaboradores Malcolm Perry y Andy Strominger, he estado trabajando en el uso de las supertraslaciones y sus cantidades conservadas asociadas para encontrar una posible resolución de la paradoja de la información. Sabemos que las tres propiedades discernibles de los agujeros negros son su masa, su carga eléctrica y su momento angular. Es posible que los agujeros negros también tengan carga de supertraslación. Entonces, tal vez los agujeros negros tienen mucho más de lo que hasta ahora pensábamos. No son calvos, o con solo tres pelos, sino que en realidad tienen una gran cantidad de «cabello de supertraslación».

Ese «cabello de supertraslación» podría codificar parte de la información sobre lo que hay dentro del agujero negro. Es probable que esas cargas de supertraslación no contengan toda la información, pero el resto podría explicarse mediante cantidades adicionales conservadas debido a una colección extra de simetrías llamadas superrotaciones, que hasta ahora no están bien entendidas. Si esto es correcto y toda la información sobre un agujero negro se puede entender en términos de sus «pelos», entonces tal vez no haya pérdida de información. Esas ideas han sido confirmadas por nuestros cálculos recientes. Strominger, Perry y yo mismo, junto con un estudiante graduado, Sasha Haco, hemos descubierto que las cargas de superrotación dan razón de toda la entropía de cualquier agujero negro. La mecánica cuántica sigue siendo válida y la información se almacena en el horizonte de sucesos, la superficie del agujero negro.

Fuera del horizonte de sucesos, los agujeros negros todavía se caracterizan exclusivamente por su masa total, su carga eléctrica y su momento angular, pero el horizonte de sucesos contiene la información necesaria para contarnos lo que ha caído en el agujero negro, de una manera que va más allá de las tres características usuales del agujero. Todavía estamos trabajando en esos temas y, por lo tanto, la paradoja de la información sigue sin resolver, pero soy optimista de que estamos avanzando hacia una solución.

¿ES POSIBLE VIAJAR EN EL TIEMPO?

En la ciencia ficción, las deformaciones del espacio y del tiempo son un lugar común. Se usan para rápidos viajes alrededor de la galaxia o para viajar en el tiempo. Pero la ciencia ficción de hoy es a menudo la ciencia de mañana. Entonces, ¿cuáles son las posibilidades de viajar en el tiempo?

La idea de que el espacio y el tiempo pueden curvarse o combarse es bastante reciente. Durante más de dos mil años, los axiomas de la geometría euclidiana se consideraron evidentes. Si tuvieron que aprender geometría en la escuela probablemente recordarán que una de las consecuencias de esos axiomas es que los ángulos de un triángulo suman 180 grados.

Sin embargo, en el siglo pasado algunos investigadores comenzaron a darse cuenta de que había otras formas posibles de geometría en las cuales los ángulos de un triángulo no necesitan sumar ciento ochenta grados. Consideremos por ejemplo la superficie de la Tierra. Lo más cercano a una línea recta en la superficie de la Tierra es lo que se llama un círculo máximo. Estos son los caminos más cortos entre dos puntos, por lo que constituyen las rutas que usan las aerolíneas. Consideremos ahora el triángulo formado en la superficie de la Tierra por el ecuador, el meridiano de 0 grados de longitud que pasa por Londres y el meridiano de 90 grados de longitud este que pasa por Bangladesh. Ambos meridianos forman con el ecuador un ángulo recto, de 90 grados. Ambos meridianos también se cortan en el Polo Norte en ángulo recto. Por lo tanto, tenemos un triángulo con tres ángulos rectos. Los ángulos de este triángulo suman doscientos setenta grados. Esto es mayor que los ciento ochenta grados para un triángulo en una superficie plana. Si dibujáramos un triángulo en una superficie en forma de silla de montar encontraríamos que sus ángulos suman menos de ciento ochenta grados.

La superficie de la Tierra es lo que se llama un espacio bidimensional. Eso significa que podemos recorrer la superficie de la Tierra en dos direcciones perpendiculares entre sí: en la dirección norte-sur o en la este-oeste. Pero, por supuesto, hay una tercera dirección perpendicular a estas dos: de arriba abajo. Es decir, la superficie de la Tierra existe en el espacio tridimensional. El espacio tridimensional es plano, es decir, obedece a la geometría euclidiana. Los ángulos de un triángulo suman ciento ochenta grados. Sin embargo, podríamos imaginar una raza de criaturas bidimensionales que pudieran moverse en la superficie de la Tierra pero que no pudieran experimentar la tercera dirección de arriba abajo. No sabrían la existencia del espacio tridimensional en el que habita la superficie de la Tierra. Para ellos el espacio sería curvo y la geometría no sería euclidiana.

Pero tal como podemos imaginar seres bidimensionales que habitan en la superficie de la Tierra podríamos imaginar que el espacio tridimensional en que vivimos es la superficie de una esfera con una dimensión adicional que no vemos. Si la esfera fuera muy grande, el espacio sería casi plano y la geometría euclidiana sería una muy buena aproximación en distancias pequeñas. Sin embargo, a grandes distancias nos daríamos cuenta de que esa geometría euclidiana deja de ser válida. Para ilustrarlo, imaginemos un equipo de pintores que agrega pintura a la superficie de una bola grande.

A medida que el grosor de la capa de pintura aumentara, el área de superficie aumentaría. Si la pelota estuviera en un espacio tridimensional plano podríamos seguir añadiendo pintura indefinidamente y la pelota se haría más y más grande. Sin embargo, si el espacio tridimensional fuera realmente la superficie de una esfera con otra dimensión adicional su volumen sería grande pero finito. Cuando fuéramos agregando más y más capas de pintura, la pelota acabaría por ocupar la mitad del espacio. Después de eso, los pintores se encontrarían atrapados en una región de tamaño cada vez menor, y casi todo el espacio estaría ocupado por la pelota y sus capas de pintura. Así descubrirían que vivían en un espacio curvo y no plano.

Este ejemplo muestra que no es posible deducir la geometría del mundo a partir de primeros principios como pensaban los antiguos griegos, sino que tenemos que medir el espacio en que vivimos y descubrir su geometría mediante experimentos. Sin embargo, aunque una forma de describir espacios curvos fue desarrollada por el alemán Berhnard Riemann en 1854, se mantuvo como una pieza de matemáticas durante sesenta años. Podría describir espacios curvos que existían en abstracto pero no parecía haber ninguna razón por la cual el espacio físico en que vivimos debiera ser curvo. Tal razón surgió en 1915, cuando Einstein presentó la teoría general de la relatividad.

La relatividad general fue una gran revolución intelectual que ha transformado la forma en que pensamos sobre el universo. Es una teoría no solo del espacio curvo sino también del tiempo curvado o deformado. Einstein se dio cuenta en 1905 de que el espacio y el tiempo están íntimamente conectados entre sí. Podemos describir la ubicación de un acontecimiento mediante cuatro números. Tres de ellos describen la posición del acontecimiento; podrían ser kilómetros al norte y al este de Oxford Circus y la altura sobre el nivel del mar. A mayor escala, podrían ser latitud y longitud galáctica y distancia desde el centro de la galaxia.

El cuarto número es el tiempo del acontecimiento. Por lo tanto, podemos pensar el espacio y el tiempo conjuntamente como una entidad de cuatro dimensiones llamada espacio-tiempo. Cada punto del espacio-tiempo está etiquetado por cuatro números que especifican su posición en el espacio y en el tiempo. Combinar así espacio y tiempo en el espacio-tiempo sería bastante trivial si pudiéramos desenredarlos de manera única, es decir si hubiera una manera única de definir el tiempo y la posición de cada suceso. Sin embargo, en un notable trabajo escrito en 1905 cuando era empleado de la oficina suiza de patentes, Einstein mostró que la posición y el tiempo en la que uno cree que se ha producido un suceso dependen de cómo se estaba moviendo. Eso significa que el tiempo y el espacio están inextricablemente ligados el uno con el otro.

Los tiempos que los diferentes observadores asignarían a los sucesos coincidirían entre sí si los observadores no se movieran el uno con relación al otro. Pero estarían en desacuerdo tanto mayor cuanto mayor fuera su velocidad. Podemos preguntarnos, pues, con qué velocidad deberíamos ir para que el tiempo para un observador fuera hacia atrás en relación con el tiempo de otro observador. La respuesta se da en la estrofa humorística:

Una joven dama de honor,
que más que la luz era veloz,
se fue un día,
de manera relativa,
y llegó la noche anterior.

Entonces, todo lo que necesitamos para viajar en el tiempo es una nave espacial que vaya más rápido que la luz. Desafortunadamente, en el mismo artículo Einstein demostró que la potencia que se necesitaría para acelerar una nave espacial se haría cada vez mayor cuanto más se acercara a la velocidad de la luz, y se necesitaría una potencia infinita para acelerar más allá de la velocidad de la luz.

El artículo de Einstein de 1905 parecía descartar el viaje en el tiempo hacia el pasado. También indicó que el viaje espacial a otras estrellas sería lento y tedioso. Si no se puede ir más rápido que la luz, el viaje de ida y vuelta a la estrella más cercana tomaría al menos ocho años y hasta el centro de la galaxia por lo menos cincuenta mil años. Si la nave espacial se acercara mucho a la velocidad de la luz podría parecer a las personas de a bordo que su viaje al centro de la galaxia hubiera durado solo unos pocos años. Pero eso no sería un gran consuelo si todos los que habíamos conocido estuvieran muertos y olvidados desde hace miles de años cuando regresáramos. Eso no sería muy bueno para los *westerns* espaciales, de modo que los escritores de ciencia ficción tuvieron que buscar maneras de evitar esa dificultad.

En su artículo de 1915, Einstein mostró que los efectos de la gravedad podrían describirse suponiendo que el espacio-tiempo queda deformado o distorsionado por su contenido en materia y energía. Podemos observar realmente la deformación del espacio-tiempo producida por la masa del Sol en la ligera curvatura de la luz o las ondas de radio que pasan cerca del Sol.

Eso hace que la posición aparente de la estrella o de la fuente de radio cambie ligeramente cuando el Sol se interpone entre la Tierra y la fuente. El cambio es muy pequeño, aproximadamente una milésima de grado, equivalente a un movimiento de un centímetro a una distancia de dos kilómetros. Sin embargo, puede ser medido con gran precisión y concuerda con las predicciones de la relatividad general. Tenemos pues evidencia experimental de que el espacio y el tiempo están deformados.

La magnitud de la deformación en nuestro entorno es muy pequeña porque todos los campos gravitatorios en el sistema solar son débiles. Sin embargo, sabemos que puede haber campos muy fuertes por ejemplo en el Big Bang o en los agujeros negros. Entonces, ¿el espacio y el tiempo pueden deformarse lo suficiente como para satisfacer las demandas de la ciencia ficción para cosas como que el hiperespacio tuviera agujeros de gusano o permitiera viajes en el tiempo? A primera vista, todo esto parece posible. Por ejemplo, en 1948 Kurt Gödel encontró una solución de las ecuaciones de campo de la relatividad general que representa un universo en el que todo su conjunto está girando. En este universo, sería posible partir en una nave espacial y regresar antes de haber partido. Gödel trabajaba en el Instituto de Estudios Avanzados en Princeton, donde también Einstein pasó sus últimos años. Gödel era famoso por haber puesto de manifiesto que no se puede demostrar todo lo que es verdad, ni tan siquiera en un tema aparentemente tan simple como la aritmética. Pero que hubiera llegado a demostrar que la relatividad general permite viajar en el tiempo realmente molestó Einstein, que creía que eso no era posible.

Ahora sabemos que la solución de Gödel no podría representar el universo en que vivimos porque no se estaba expandiendo. También tenía un valor bastante grande para una magnitud llamada constante cosmológica, que generalmente se cree que es cero. Sin embargo, parece que otros han hallado soluciones más razonables que permiten viajar en el tiempo. Una solución particularmente interesante contiene dos cuerdas cósmicas que se mueven una respecto a la otra con una velocidad muy cercana pero ligeramente inferior a la velocidad de la luz. Las cuerdas cósmicas son una notable idea de la teoría física que los escritores de ciencia ficción en realidad no parecen haber captado por ahora. Como su nombre sugiere, son como cuerdas porque tienen longitud pero su sección transversal es muy pequeña. En realidad, se parecen más a bandas de goma porque están sometidas a una tensión enorme, algo así como unos mil billones de billones de toneladas. Una cuerda cósmica unida al Sol lo aceleraría del reposo a unos cien kilómetros por segundo en una trigésima parte de segundo.

Las cuerdas cósmicas pueden parecer ideas descabelladas y pura ciencia ficción, pero hay buenas razones científicas para creer que podrían haberse formado en el universo muy temprano poco después de la gran explosión. Como están sometidas a una tensión tan grande, se podría esperar que aceleraran a casi la velocidad de la luz.

Lo que tienen en común tanto el universo de Gödel como el espacio-tiempo con cuerdas cósmicas rápidas es que comienzan de manera tan distorsionada y curvada que viajar al pasado siempre fue posible. Dios pudo haber creado un universo tan retorcido pero no tenemos motivos para pensar que lo hiciera. Todo apunta a que el universo comenzó en el Big Bang sin el tipo de deformación necesaria para permitir viajar al pasado. Ya que no podemos cambiar la forma en que comenzó el universo, la pregunta de si viajar en el tiempo es posible nos lleva a preguntarnos si podríamos conseguir deformar suficientemente el espacio-tiempo para que nos permitiera regresar al pasado. Creo que esto es un tema de investigación importante, pero conviene procurar no ser tomado por loco. Si alguien solicitara una subvención de investigación para trabajar en los viajes en el tiempo sería despedido inmediatamente. Ninguna agencia gubernamental puede permitirse el lujo de gastar dinero público en cosas tan descabelladas. En su lugar, uno tiene que usar términos técnicos como curvas temporales cerradas, que son una indicación de la posibilidad de viajar en el tiempo. Aun así, es una pregunta muy seria. Si la relatividad general permite viajar en el tiempo, ¿lo permite en nuestro universo? Y si no es así, ¿por qué no lo permite?

Estrechamente relacionada con el viaje en el tiempo hay la capacidad de viajar rápidamente desde un punto a otro en el espacio. Como dije antes, Einstein demostró que se necesitaría una potencia infinita para poder acelerar una nave espacial más allá de la velocidad de la luz. Así que la única forma de llegar desde un lado de la galaxia a otro en un tiempo razonable sería si pudiéramos deformar tanto el espacio-tiempo que creáramos un pequeño tubo o agujero de gusano. Este agujero podría conectar los dos lados de la galaxia y actuar como un atajo para ir de uno a otro y regresar mientras tus amigos todavía están vivos. Se ha sugerido seriamente que tales agujeros de gusano podrían estar al alcance de una civilización futura. Pero si pudiéramos atravesar la galaxia en una semana o dos, podríamos volver a través de otro agujero de gusano y regresar antes de haber salido. Incluso podríamos llegar a viajar en el tiempo con un solo agujero de gusano si sus dos extremos se movieran el uno con respecto al otro.

Es posible demostrar que para crear un agujero de gusano se necesita deformar el espacio-tiempo de manera opuesta a como lo deformaría la materia normal. La materia ordinaria curva el espacio-tiempo sobre sí mismo como la superficie de la Tierra. En cambio, para crear un agujero de gusano se necesita que el espacio-tiempo se curve en el sentido opuesto, como la superficie de una silla de montar. Lo mismo es cierto para cualquier otra manera de deformar el espacio-tiempo que permita viajar al pasado si el universo no comenzó suficientemente deformado para permitir viajar en el tiempo. Se necesitaría una materia con masa negativa y densidad de energía negativa para deformar el espacio-tiempo en la forma requerida.

La energía es como el dinero. Si tenemos un saldo bancario positivo, lo podemos distribuir de varias maneras. Pero según las leyes clásicas en que se creía hasta hace muy poco no estaba permitido tener una deuda de energía. Así pues, las leyes clásicas descartaban que se pudiera deformar el universo de la manera requerida para permitir el viaje en el tiempo. Sin embargo, las leyes clásicas fueron derrocadas por la teoría cuántica, que es la otra gran revolución en nuestra imagen del universo aparte de la relatividad general. La teoría cuántica es más relajada y permite tener una deuda en una o dos cuentas. ¡Ojalá los bancos fueran tan comprensivos y serviciales! En otras palabras, la teoría cuántica permite que la densidad de energía sea negativa en algunos lugares siempre que sea positiva en otros.

La razón por la cual la teoría cuántica puede permitir que la densidad de energía sea negativa es que se basa en el Principio de Incertidumbre, que establece que ciertas magnitudes como la posición y la velocidad de una partícula no pueden tener valores bien definidos simultáneamente. Cuanto más precisa sea la posición de una partícula tanto mayor es la incertidumbre en su velocidad y viceversa. El Principio de Incertidumbre también se aplica a campos como el campo electromagnético o el campo gravitatorio e implica que esos campos no pueden ser exactamente nulos, ni tan siquiera en lo que consideramos como espacio vacío. Si fueran exactamente cero, sus valores tendrían una posición bien definida en cero y una velocidad bien definida, que también sería cero. Esto constituiría una violación del Principio de Incertidumbre. En lugar de eso, los campos deben tener una cierta cantidad mínima de fluctuaciones. Podemos interpretar esas llamadas fluctuaciones de vacío como pares de partículas y antipartículas que de repente aparecen juntas, se separan, y luego vuelven a unirse y aniquilarse mutuamente.

Se dice que esos pares de partículas y antipartículas son virtuales porque no se pueden medir directamente con un detector de partículas. Sin embargo, podemos observar sus efectos indirectamente. Una manera de hacerlo es lo que se llama el efecto Casimir. Supongamos dos placas de metal paralelas entre sí, separadas por una distancia muy corta. Las placas actúan como espejos para las partículas y antipartículas virtuales. Eso significa que la región entre las placas actúa como un tubo de órgano y solo admite ondas de ciertas frecuencias resonantes. El resultado es que hay un poco menos de fluctuaciones del vacío o de partículas virtuales entre las placas que fuera de ellas, donde las fluctuaciones del vacío pueden tener cualquier longitud de onda. La reducción en el número de partículas virtuales entre las placas significa que no golpean las placas con tanta frecuencia, y por lo tanto no ejercen tanta presión sobre las placas como la que ejercen las partículas virtuales de fuera. Por lo tanto, hay una ligera fuerza que tiende a unir las placas. Esa fuerza ha sido medida experimentalmente, de manera que las partículas virtuales existen realmente y producen efectos reales.

Como entre las placas hay menos partículas virtuales o fluctuaciones de vacío, hay entre ellas una densidad de energía más baja que en la región exterior. Pero la densidad de energía del vacío en el espacio lejos de las placas debe ser cero, ya que de lo contrario deformaría el espacio-tiempo y el universo no sería casi plano. Entonces, la densidad de energía en la región entre las placas debe ser negativa.

Por lo tanto, la curvatura de la luz proporciona evidencia experimental de que el espacio-tiempo está curvado y el efecto Casimir confirma que podemos deformarlo en sentido negativo. Por ello, parece posible que a medida que la ciencia y la tecnología avancen lleguemos a ser capaces de construir un agujero de gusano o de curvar el espacio-tiempo de alguna otra manera que permita viajar a nuestro pasado. Si este fuera el caso, plantearía una gran cantidad de preguntas y problemas. Una de ellas es: si en algún momento futuro aprendemos a viajar en el tiempo, ¿por qué nadie regresa del futuro para decirnos cómo hacerlo?

Incluso si hubiera razones de peso para mantenernos en la ignorancia, la naturaleza humana es tal que cuesta creer que a nadie le dé por alardear y decirnos a nosotros, pobres ignorantes, el secreto de cómo viajar en el tiempo. Por supuesto, algunas personas afirman que hemos sido visitados desde el futuro. Dicen que los ovnis vienen del futuro y que los gobiernos participan en una conspiración gigantesca para encubrirlos y guardar para sí el conocimiento científico que esos visitantes traen. Todo lo que puedo decir es que si los gobiernos estuvieran escondiendo algo están haciendo un trabajo bastante deficiente para obtener de los alienígenas alguna información útil. Soy bastante escéptico acerca de las teorías conspirativas. Los informes de avistamientos de ovnis no pueden ser causados por extraterrestres, porque son mutuamente contradictorios. Pero una vez que admitimos que algunos de ellos son errores o alucinaciones, ¿no es más probable que todos ellos sean debidos a eso en lugar de a que estamos siendo visitados por personas del futuro o del otro lado de la galaxia? Si realmente quieren colonizar la Tierra o advertirnos de algunos peligros, es posible que sean bastante ineficaces.

Una posible forma de conciliar los viajes en el tiempo con el hecho de que no parecemos haber tenido ningún visitante del futuro sería decir que eso solo podrá ocurrir en el futuro. En esta interpretación, diríamos que el espacio-tiempo en nuestro pasado fue corregido, porque lo hemos observado y hemos visto que no está suficientemente deformado para permitir viajar al pasado. En cambio, el futuro está abierto, de modo que podríamos llegar a ser capaces de deformarlo lo suficiente como para permitir viajar en el tiempo. Pero como solo podremos deformar el espacio-tiempo en el futuro, no podríamos volver al tiempo presente ni a ningún instante anterior a él.

Esta interpretación explicaría por qué no hemos sido arrollados por turistas del futuro. Pero aún quedarían muchas paradojas. Supongamos que fuera posible ir en un cohete y regresar antes de partir. ¿Qué nos impediría hacer explotar el cohete en la plataforma de lanzamiento o impedirle salir de alguna otra forma? Hay otras versiones de esta paradoja, como la de regresar y matar a tus padres antes de que nacieras, pero son esencialmente equivalentes. Parece que hay dos posibles soluciones.

Una es lo que llamaré el enfoque de historias consistentes. Dice que debe existir una solución consistente de las ecuaciones de la física, incluso si el espacio-tiempo está tan deformado que sea posible viajar al pasado. En esta interpretación no se podría partir en el cohete para viajar al pasado a menos que ya hubiéramos regresado y no hubiera explotado la plataforma de lanzamiento. Es una imagen consistente pero implicaría que estamos completamente determinados: no podríamos cambiar nuestras mentes ni tendríamos libre albedrío.

La otra posibilidad es lo que yo llamo el enfoque de historias alternativas. Ha sido defendida por el físico David Deutsch y parece ser lo que Robert Zemeckis tenía en mente cuando filmó *Regreso al futuro*. En esta interpretación, en una alternativa de la historia no habría habido ningún retorno del futuro antes de que el cohete partiera, así que no hay posibilidad de que hubiera explotado. Sin embargo, cuando el viajero regresa del futuro entra en otra historia alternativa. En esta, la especie humana hace un gran esfuerzo para construir una nave espacial, pero justo antes de poder lanzarla una nave espacial similar aparece desde el otro lado de la galaxia y la destruye.

David Deutsch basa su enfoque de historias alternativas en el concepto de la suma de historias introducido por el físico Richard Feynman. La idea es que según la teoría cuántica el universo no tiene una única historia, sino todas las historias posibles, cada una de ellas con su propia probabilidad. Debe haber una historia posible en la que haya una paz duradera en Oriente Medio, aunque tal vez su probabilidad sea baja.

En algunas historias, el espacio-tiempo estará tan curvado que los objetos como los cohetes podrán viajar a su pasado. Pero cada historia es completa y autónoma, y describe no solo el espacio-tiempo curvo sino también los objetos que contiene. Así pues, un cohete no puede transferirse a otra historia alternativa cuando regresa de nuevo. Todavía se halla en la misma historia, que tiene que ser autoconsistente. Por lo tanto, a pesar de lo que Deutsch dice, creo que la idea de la suma de historias apoya la hipótesis de historias consistentes en lugar de la idea de historias alternativas.

Por lo tanto, parece que estemos atrapados en la imagen de historias consistentes. Sin embargo, no hace falta buscar problemas con el determinismo o el libre albedrío si las probabilidades de las historias en que el espacio-tiempo está tan deformado que el viaje en el tiempo es posible son muy pequeñas, reducidas a una región microscópica. Esto es lo que yo llamo la conjetura de protección cronológica: las leyes de la física conspiran para impedir viajes en el tiempo a escala macroscópica.

Parece que lo que ocurre es que cuando el espacio-tiempo se deforma casi lo suficiente como para permitir viajar al pasado, las partículas virtuales casi pueden convertirse en partículas reales siguiendo trayectorias cerradas. La densidad de las partículas virtuales y su energía se hacen muy grandes, lo cual significa que la probabilidad de esas historias es muy baja. Por lo tanto, parece que puede haber una Agencia de Protección

¿Tiene algún sentido organizar una fiesta para viajeros en el tiempo? ¿Esperaría que alguien regresara del futuro?

En 2009 organicé una fiesta para viajeros del tiempo en mi *college*, Gonville y Caius en Cambridge, para una película sobre viajes en el tiempo. Para asegurarme de que solo llegaran viajeros genuinos en el tiempo, no envié las invitaciones hasta después de la fiesta. El día señalado, me senté en la universidad esperando, pero nadie vino. Me decepcionó, pero no me sorprendió, porque había demostrado que si la relatividad general es correcta y la densidad de energía es positiva, el viaje en el tiempo no es posible. Me hubiera encantado que alguna de mis suposiciones hubiera sido falsa.

Cronológica que trabaja para hacer que el mundo resulte seguro para los historiadores. Pero el tema de las distorsiones del espacio y el tiempo todavía está en su infancia. Según una forma unificadora de la teoría de cuerdas conocida como Teoría M, nuestra mejor esperanza de unir la relatividad general y la teoría cuántica en una teoría del todo, el espacio-tiempo debe tener once dimensiones, y no solo las cuatro que experimentamos. La idea es que siete de esas once dimensiones están acurrucadas en un espacio tan pequeño que no las notamos. En cambio, las cuatro direcciones restantes son bastante planas y constituyen lo que llamamos espacio-tiempo. Si tal imagen es correcta, tal vez sea posible conseguir que las cuatro direcciones planas se mezclaran con las siete direcciones altamente curvadas o deformadas. Ignoramos todavía a qué podría dar lugar esto, pero abre posibilidades excitantes.

Por lo tanto, en conclusión, los viajes espaciales rápidos o los viajes en el tiempo no pueden ser descartados por nuestra comprensión actual, aunque causarían grandes problemas lógicos, así que esperamos que haya una ley de protección cronológica que evite que las personas regresen y maten a nuestros padres. Pero los entusiastas de la ciencia ficción no deben descorazonarse: todavía queda esperanza en la teoría M.

Descubre la biblioteca Stephen Hawking:

www.planetadelibros.com.mx